你好,太阳

[西]努里亚·罗卡 [西]卡罗尔·伊森◎文 [西]罗西奥·博尼利亚◎绘 马爱农◎译

科学普及出版社

·北 京·

阳光明媚的一天

今天是个大晴天，爱丽丝很开心，她能感觉到阳光暖洋洋的。乌云终于散去，雨终于停了。街上甚至还有一只小狗在开心地伸着懒腰，因为天气不再寒冷了。

可是奥利弗就没那么开心了，因为阳光太暖和，把他盘子里的冰淇淋都晒化了！

白天的星星

太阳之所以散发热量，是因为它是一颗恒星。太阳像其他所有的恒星一样，是一个由不断燃烧的气体组成的巨大球体。

太阳的温度特别高，给周围的行星带来了热量和光亮。"它就像一座超级大的大火炉！"奥利弗说。

充满生命的地球

如果没有太阳，地球上的我们就会被冻僵，因为太空非常寒冷，比冰箱的冷冻室还要冷。

如果没有太阳，地球上的植物和动物就无法生长。"那我们就没有东西吃了！"奥利弗惊恐地说。

看不见的阳光

太阳还会把我们晒黑，因为太阳光中含有紫外线，这种看不见的射线能使我们的皮肤变黑。

"紫外线会对我们造成伤害，所以我们应该保护好自己，涂抹防晒霜、戴遮阳帽和墨镜……"爱丽丝提醒道。

超级巨大的球体

太阳无比巨大！！！它实在是大极了，里面能装下一千多个……
一万多个……十多万个……一百多万个地球这么大的行星！

如果太阳是一个排球，地球跟它一比，就只有一根大头针的大头
那么大。

一片火海

爱丽丝说，在整个宇宙间，她最想去的地方是太阳，但她知道目前还去不成。太阳的温度太高，宇宙飞船还没飞到那儿就会被烧掉。

漫长的旅行

太阳离我们真远啊！！！它是那么的遥远，如果你想开车去那里，要花上……不止一年……不止十年……不止一百年的时间呢！

幸运的是，航天工程师正在不断地研究，让我们在太空中旅行的速度越来越快！

与光同行

爱丽丝的妈妈是一位天文学家，她解释说，光是整个宇宙中传播得最快的东西。

奥利弗幻想自己乘着一束光旅行……那样的话，他从太阳到地球就只需要短短的8分钟了！

太阳系的中心

太阳是整个太阳系的中心。离它很近的是水星，一颗小小的、灰灰的行星；水星的后面是金星，然后就是我们的地球了。

地球后面是太阳系的另外几大行星：火星、木星、土星、天王星和海王星。

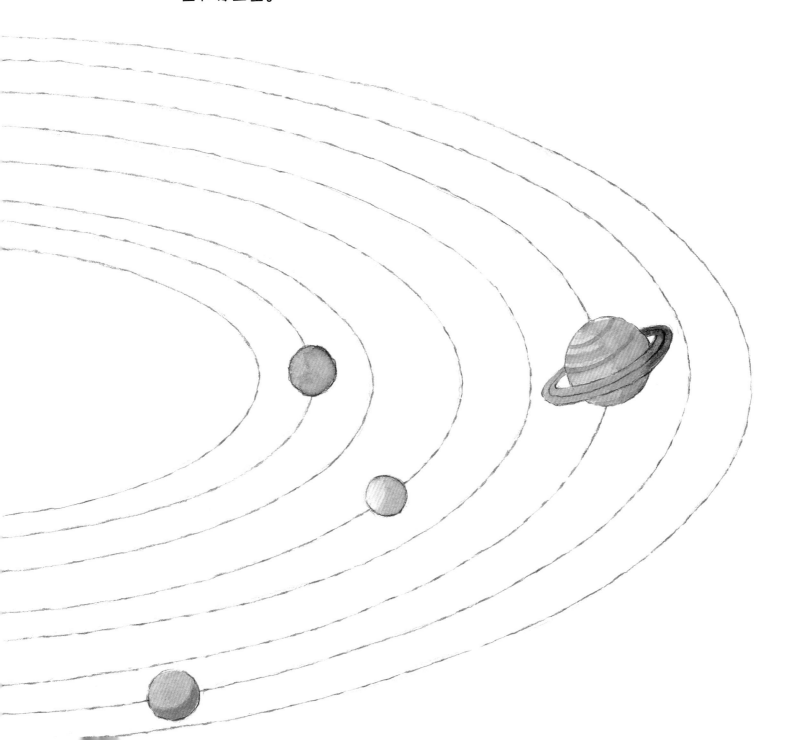

遥远的恒星

我们的太阳并不是宇宙中唯一的恒星，宇宙中的恒星数也数不清！你在夜晚能看到许多许多的恒星！

有些恒星比我们的太阳大得多，但是它们离得太远了，看上去就成了夜空中的一个个小点。

小行星

在太阳系中，还有许多大大小小的岩石在飞行：有的差不多和月球一样大，有的却像石头一样小。所有这些岩石都被叫作小行星。

"哇！太阳系里的东西真多啊！"奥利弗说。

彗星

爱丽丝的妈妈向孩子们解释说，海王星是太阳系里最遥远的行星，有时候地球上还会有来自海王星的岩石和冰块呢。

"那些附着在冰块上的岩石叫作彗星。"爱丽丝说。

彗星的尾巴

彗星进入太阳系后，远远地就开始感受到太阳的热量。

然后冰块开始升华，彗星后面拖出了气体和尘埃形成的轨迹，在阳光下闪闪发亮，看起来就像彗星拖着一条长长的尾巴！

日食

　　今天，奥利弗和爱丽丝感到兴奋极了，他们就要看到日食了，这可是有生以来的第一次啊。日食可不是每天都能看到的！

观察太阳

奥利弗和爱丽丝知道，绝对不能直接盯着太阳看。

"用双筒或单筒望远镜看也不行。"奥利弗说。

观察太阳需要用一种特殊的镜片，因为阳光十分强烈。太阳非常棒，但也非常厉害，我们需要保护好自己！

趣味活动

画出太阳的轨迹：
做一个日晷

首先，你需要一张放在户外的桌子，可以在操场上或花园里，也可以在阳台上。把一张纸放在桌上，用胶带粘牢，不要让它被风吹走。在纸中间放一根棍子，可以是一支铅笔，用橡皮泥把它固定住。然后，用指南针在纸上标出东、西、南、北。日晷就做好了！

清晨，在纸上画出铅笔的影子，根据时钟，在影子顶部记录当时的时间。

你需要观察一天中太阳投下的阴影，并每小时记录一次。第二天，你不需要看时钟，只看日晷就能知道时间了。可是，几天之后你会发现，日晷显示的时间跟实际的时间不一致。这是因为太阳在天空中的轨迹一年四季都在变化！

踩影子

　　你可能经常在地上看到自己的影子。影子之所以出现，是因为总是沿着直线传播的光线遇到了穿不透的东西，比如一棵树、一座房子……或者你！你可以和朋友们一起玩踩影子的游戏。

　　一个人当追赶者，其他人必须赶紧跑开，不让自己的影子被踩到。追赶者必须去追其他人，当他终于踩到其中一个人的影子时，那个人就成了新的追赶者。如果在一天的不同时间玩这个游戏，你会发现影子并不总是同样大小：它有时候很长，远远高出你的个头儿，有时候又短得几乎看不见。这个时候，要踩到朋友的影子可就难多了！

亲子指南

太阳是一颗恒星，跟我们在夜空中看到的那些星星一样，但由于它离我们比较近，所以看上去似乎更大、更亮。我们可以向孩子们解释，白天看不到星星是因为太阳光太强烈了，挡住了其他光线。可以在阳光明媚的白天用一盏灯做实验。如果把灯放在很远的地方，你会发现很难分辨出它，因为根本就看不清它发出的光。而在夜间，灯光就非常强烈，不管在哪里都能看得到。

孩子们一般认为，密度很大的东西都是固体，比如木头，但我们应该向他们解释，气体也可以被压缩得像木头一样坚硬、密实，同时仍然是气体。所有的东西，无论是气体、液体还是固体，都是由我们称为原子的"小球"组成的。原子非常微小，用肉眼是看不见的。

就像我们的太阳一样，恒星都是巨大的气体球。在整个宇宙中，它们是唯一能够在内部产生光和热的天体。太阳内部的气体由氢"小球"组成，它们两个两个地连接在一起，形成另一种不同的"小球"——氦。当氢"小球"结合形成氦"小球"时，会以光和热的形式释放出能量。**太阳内部的温度高达 1500 万摄氏度**……家用烤箱的最高温度是 250 摄氏度，能烤熟很多东西，这样一比较，你就知道太阳的中心有多热了。

月亮从太阳前面经过时遮住了太阳，就形成了**日食**。日食期间，太阳被遮挡得越多，光线就越弱，天色就越暗。如果是日全食，你还能看到星星呢，不过只有短短的几分钟。一些动物会变得焦躁不安，鸟儿会飞回窝里，有些狗还会汪汪大叫，这些都是正常现象。

一年中至少会有两次日**食**，但每次只持续几分钟，你必须在合适的位置上才能看到。

最重要的是，必须提醒孩子们时刻保护自己的眼睛：
- **绝对不要直视太阳**
- 不要通过墨镜、X光片或烟色玻璃直接看太阳
- 也不要通过眼镜、双筒望远镜、单筒望远镜，或其他能放大图像的设备看太阳
- 不要通过相机取景器看太阳

图书在版编目（CIP）数据

你好，太阳系 . 你好，太阳 /（西）努里亚·罗卡，
（西）卡罗尔·伊森文 ;（西）罗西奥·博尼利亚绘；马
爱农译 . —— 北京 : 科学普及出版社 , 2023.1
　ISBN 978-7-110-10512-2

　Ⅰ . ①你… Ⅱ . ①努… ②卡… ③罗… ④马… Ⅲ .
①太阳 – 儿童读物　Ⅳ.① P18-49

中国版本图书馆 CIP 数据核字（2022）第 200293 号

著作权合同登记号：01-2022-5115

策划编辑：李世梅	封面设计：许　媛
责任编辑：李世梅	责任校对：邓雪梅
助理编辑：王丝桐	责任印制：李晓霖
版式设计：金彩恒通	

出版：科学普及出版社　　　　　　　　　　　邮编：100081
发行：中国科学技术出版社有限公司发行部　　发行电话：010-62173865
地址：北京市海淀区中关村南大街 16 号　　　传真：010-62173081
网址：http://www.cspbooks.com.cn

开本：787mm×1092mm　1/12
印张：14 ⅔　　　　　　　　　　　　　　　字数：72 千字
版次：2023 年 1 月第 1 版　　　　　　　　　印次：2023 年 1 月第 1 次印刷
印刷：北京瑞禾彩色印刷有限公司

书号：ISBN 978–7–110–10512–2 / P · 234　　　定价：168.00 元（全 4 册）

Original title of the book in Catalan:
© Copyright GEMSER PUBLICATIONS S.L. , 2014
Authors: Núria Roca and Carolina Isern
Illustrations: Rocio Bonilla

Simplified Chinese rights arranged through CA-LINK International LLC
(www.ca-link.cn)